可装裱的
印度博物艺术

〔英〕朱迪斯·玛吉　编著

许辉辉　译

商务印书馆
The Commercial Press

2017 年·北京

涵芬楼文化　出品

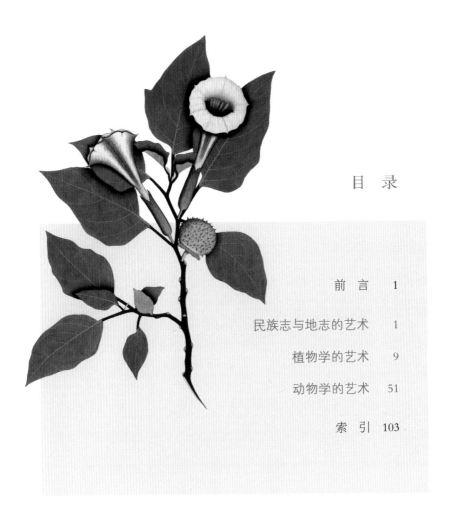

目　录

前　言

印度是世界上最具博物学多样性的国家之一。记录并研究博物学的过程在印度持续了许多个世纪，不过到了18世纪晚期以及整个19世纪，完成这一工作的主要是那些为英国东印度公司工作的人。人们使用很多方式来记载动植物及两者间的关系，其中最令人观之怡然的方式之一是绘画。在自然博物馆的图书馆里，有一系列这个时期丰富多彩、涉及广阔领域的印度绘画藏品。这些艺术藏品来自各种各样的渠道，有的来自独立艺术家和个人收藏家，有的源自旨在追求科学、商业和政治目的的印度博物学研究团队。大多数画作都是水彩画，其中不仅有严谨的动植物科学画，还有当地市场所贩卖的色彩斑斓的工艺品与装饰品画作。在庞大的博物藏品中有一些是鲜为人知的，甚至是极少人研究的博物学艺术珍品，它们在一幅广袤无垠的拼图中占据了一角，与那些更大型更知名的收藏品一起，为当时身在印度的英国人勾勒出了一幅纷繁的画卷。

欧洲人真正开始殖民印度是在16世纪早期，此时葡萄牙人沿着印度西部的马拉巴尔海岸和果阿邦建立了贸易"工厂"或仓库，运往欧洲的主要货物是香

绿鸟翼凤蝶
（Ornithoptera priamus）
这一物种的雄性比雌性更多
彩，它耀眼的双翅从虹彩绿一
直变幻到蓝色。不过这种蝴
蝶的原产地并非印度，而是
澳大拉西亚。

迪马斯
水彩画
约1840年
231mm×187mm

料，尤其是产自喀拉拉邦的黑胡椒。葡萄牙人的优
势地位一直从17世纪的早期持续到中期，此时荷兰人
占领了印度南部的一些岛屿和地区，而英国人在苏
拉特和后来的孟买建立了据点。亚洲南部的荷兰人
和英国人各自服务于他们自己的东印度公司，这些
公司的主要功能是进行商业贸易。

到了18世纪，法国和丹麦也在印度建立了贸易
据点，但是英国通过军事行动和统治者巧妙地谈判

和约，将欧洲的竞争对手挤出了局占据了主导地位。英国在印度的历史过程就是通过越来越大的军事行动逐步进行地理扩张，从而最终达成行政、政治和殖民统治。

英国之所以能在印度渐渐扩张并建立属于它的帝国，取决于此处政治与经济的各种变动，其中最主要的变动是莫卧儿王朝的衰弱，以及许多地区分裂成了更小的区域领土。印度和英国之间的关系很复杂，两国间由人员以及政治、行政和经济等系统联结成了一张巨大的网，这些系统相互连通，有时相互依赖，每一个系统都以不同的方式影响并引领两国的关系。这种情况导致经验、实践和知识的频繁交换，对于英国人而言，使他们能够更熟悉、更深入理解印度的一个重要因素，就是博物学探索。

英国东印度公司的优先要务往往是贸易、商业扩张和渐渐增长的股东利润。无论如何，探索印度博物学是公司涉及的要务之一，它的发展紧随公司可掌控地域面积的不断扩大。有许多因素牵引着东印度公司涉入这一探索过程，其中包括高管在动植物学方面的个人追求，还有在政治与行政掌控下，该公司越来越认识到管理这片广袤土地并从中获益，这个过程中它自然需要其植物、动物、农业措施和林业学的知识。伴随管理自然的需求，产生了进步的思想——推动了文化与社会的进步，以及带来了经济利益。该公司和个人都信赖于当地居民的专业技术。他们可以充分利用的当地知识是一笔巨大财富，其中包括何种生物在本土能更好地生长，以及如何大范围管理土地与森林。这些知识涵盖了当地动植物及其运用，尤其是医药方面的用途；还有它们的危险性，比如那些有毒的动植物。欧洲人还信赖当地人在勘测和探险中担任向导，虽然有不少公司高管能够说甚至能写一两种印度语言，比如威廉·赛克斯（1790-1872年）和布莱恩·霍奇森（1800-1894年），但他们和大多数人一样，仍然要信赖通晓动植物本土名称的当地人，翻译们就在这其中扮演着关键的角色。他们对理解及发展博物学知识做出了重要的、不可或缺的贡献。

与印度博物学知识直接相关的，就是用以研究的植物、鸟类、昆虫和其他动物的插图。一个有才华的艺术家是无价之宝，因为精确的物种描绘是对其进行鉴定分类的关键。有些艺术家是学习过制图技术的欧洲人；另一些则拥有绘

孟加拉榕

（*Ficus benghalensis*）

孟加拉榕是印度的国树，并被视为圣树。它令人惊叹的特征是长至地面的气生根，它们会长成如森林般的树干。

费德勒/赛克斯藏品
水彩画
1825年
130mm×370mm

画天赋，比如卢埃林·费德勒（活跃于1824-1831年），他在加入东印度公司之前是一名职业艺术家。不过，艺术家的主体仍然是印度人，他们有的由公司直接聘用，有的是由高管个人委托进行创作。

　　大多数东印度公司持有的画作都是由那些直接参与科学探索的人收集所得，他们当中有的从事医疗职业。有一些印度植物学的先驱是医生，比如威廉·罗克斯堡（1751-1815年）、约翰·弗莱明（1747-1829年）和纳萨尼尔·瓦立池（1786-1854年），他们受聘花费大量时间经营该公司在印度的三个植物园。对博物学的兴趣引领他们委任创作并收集大量植物画作，这些行为催生了19世纪早期关于印度植物最重要的一些视觉记录。其他的主要收藏系列是由印度民事部门人士建立的，比如布莱恩·霍顿·霍奇森，而托马斯·哈德威克（1755-1835年）和威廉·赛克斯则来自军事部门。还有一些收藏品并非直接和东印度公司相关，它们为印度的画卷提供了更个人化的视角。一个上佳的例子是奥利维亚·汤奇（1858-1949年）的收藏，她在20世纪初游历印度。另一个例子则是由萨尔瓦多雷斯（活跃于1750年）在1750年创作的安金戈（Anjengo）植物作品系列，这是一位说葡萄牙语的印度人，在作品中，他描述了所绘每一种植物的药用性能，并提供了种植管理它们的方法指南。

博物学渐成流行

18世纪，对博物学的爱好渐渐变成富有绅士的消遣。到了19世纪早期，这种兴趣蔚然成风，所有社会阶层都开始流行收集研究动植物。此时林奈分类法正当其道，人们已有一定能力理解自然界并为其总结规律。各界对研究博物学的痴迷不仅仅出于个人喜好，同时还有经济上的考量。新食物、新药用及林材用植物的开发对工业革命及世界贸易扩张起着至关重要的作用。对于东印度公司而言，经济作物的增益是至关重要的，世界各地新发现的各种植物被源源不断地引进公司位于印度、好望角和加勒比海的园林中。博物学知识通过不断扩大的出版业向外传播，造纸与印刷技术的进步使各种博物学期刊如百花齐放。

该公司众多高管对于印度历史、艺术、科学与文学的兴趣促成了1784年亚洲学会的成立，也就是后来的孟加拉亚洲学会。公司鼓励雇员参与研究博物学并发表他们的成果，许多员工在返回英国后仍然保持着对印度文化与博物学的兴趣。1823年，英国亚洲学会建立，为人们提供了发表印度博物学研究成果的另一个渠道。对古董、艺术文物及各类工艺品，还有矿石、鸟类、昆虫、动物及植物标本的收集变得如此盛行，以至于1801年公司在其位于伦敦利德贺街的总部建立了一个图书馆兼博物馆。除了亚洲学会和博物馆的成立，更重要的是英属印度地区各植物园的建立。其中最大的植物园位于希布尔，因邻近加尔各答，通常被称为加尔各答植物园，园中还有一个巨大的干燥标本库。威廉·罗克斯堡和纳萨尼尔·瓦立池是长期服务于此园的两位负责人，他们正是据此开展了委任艺术家描绘园中植物的计划。

博物插画

一张绘图往往比一个标本有更高的价值，因为它所记录的细节并不存在于一株干花、一块皮毛，或一只浸在烈酒中的动物上。对于博物学家而言，绘画是一种认识目标的重要行动。到了18世纪晚期，人们为科学绘画制定了严格的条例。在传达的目标信息中，最重要的是动植物的形态特征——结构、外形、色彩和花纹。植物画作的标准惯例也是要呈现可供鉴别的关键特征——植物雄性或雌性部分的数量和结构，它们通常会在图中放大绘出。动物插画中往往也会呈现其解剖特征，关键在于捕捉目标的运动、习性和特点，而这就需要在其存活环境中观察它。描绘活着的、移动的动物和鸟类有着相当高的难度，以至于那些画作多半是绘自死去的标本。因此，最伟大的博物艺术家往往拥有杰出的观察技巧，同时常常也是最出色的田野博物学家。植物学和动物学画作的目标都是绘出该物种的典型样貌，从而这一物种的其他个体都可以以它为参照。这意味着排除一切干扰元素，为此目标物将被单独绘于纸上，而不附加任何背景。

描绘标本的这种惯例是欧洲独有的，它符合林奈的分类法以及欧洲科学的发展进程。而在世界的其他地方，人们以极其不同的方式描绘自然。印度艺术家受训于莫卧儿王朝的传统细密画艺术形式，并受其影响。因此，当他们受聘绘画科学标本时，就不得不改变自己的艺术风格。大多数在植物园中工作的艺术家会接受指导，学习如何以科学方式绘画，而他们的所有作品都经受着严格的监督。

传统印度艺术是极其程式化的，以艳丽的色彩和鲜明的轮廓为特征。一层又一层的厚水粉颜料（不透明色）被涂在纸上，在每次涂色后画作都会被抛光。这使得艺术家几乎是在画作上雕出细线，并在其上造出一片光亮的色层，以捕捉鸟羽和鱼鳞的虹彩。藏品中的某些画作属于这种典型风格，不过其中多数印度艺术家都采用了不那么艳丽的方式，他们使用水彩的方法类似于来自欧洲的插画书，后者被当作指导的范例。大多数画作都没有签名，即便是能被鉴别出的少数艺术家也没有留下多少信息，无论是印度的还是欧洲的。

在藏品中，我们能找到几张几乎完全相同的画作。这些拷贝要么是由一位艺术家同时绘制的，要么是之后由另一位收藏者委任其他艺术家绘制的。那些委托绘画的人常常送出或接受一些特别的动植物画作，将它们当作礼物。不仅是在印度工作的公司员工圈子里会进行这样的交换，其他驻地的员工也是如此。约翰·里夫斯是驻守于中国广州的茶叶督察，他和其他几位博物学家交换画作，其中包括印度的托马斯·哈德威克。交换物品还包括标本，因此，在个人收藏中发现原产地远至澳大利亚和南美的动植物画作，就不是什么稀罕事了。

植物学方面的收藏家和艺术家

在最早期绘制画作的印度艺术家中，有一些是由詹姆斯·克尔（1738-1782年）在1774年和1782年间委托创作的，这期间他驻守于孟加拉的达卡（如今孟加拉的首都）。克尔是东印度公司的一位外科医生，在调任孟加拉前居住于比哈尔，在那他对鸦片种植特别感兴趣，并汇报过他自己对其衰竭功效的观察结果。他的藏品中那些严谨的植物学画作是林奈风格画作的早期范例。

加尔各答城外的希布尔植物园于1787年建立，这使其他人能够效仿克尔建立的模式，雇用艺术家为当地植物及园中的引进植物系统性地复制画作。威廉·罗克斯堡医生于1793年开始担任植物园的负责人，直至1813年退休。他设立了一系列方案改进植物园，使其成为来自世界各地的新引入的植物和有用植物的培植中心。他组织前往东南亚各地的采集探险，并监督植物的科学探索以及受聘艺术家群对它们的描绘。这些画作开始作为"罗克斯堡图谱"而广为人知，其中许多作品被复制以送予朋友和位于伦敦的印度博物馆。另一个收藏系列属于约翰·弗莱明，包括一千一百多张绘制精美的植物画作，据信也是由罗克斯堡的艺术家绘制的。和罗克斯堡一样，约翰·弗莱明生于苏格兰，他投身医学领域，获得了外科医生资格。同样和罗克斯堡一样，弗莱明是一位热忱的博物学家，对药用植物有着特别的兴趣。他著有初版的《印度药用植物和药物目录》（1810年）。

帕特里克·罗素医生（1727-1805年）是另一位加入东印度公司的苏格兰医师，他作为公司的植物学家驻守于南印度的卡那提克地区。在这里，他将自己的研究领域延伸到了植物学之外，涵盖了博物学的方方面面。他出版了关于科罗曼德海岸的植物、鱼类和毒蛇的作品，这是该领域的首部著作，出版费用由公司负担。也正是罗素建议出版了《科罗曼德海岸的植物》，他和威廉·罗克斯堡一起为这部书作序，它在1795年至1820年间分12部出版。

在罗克斯堡于1813年退休后，寻找合适的继任者耗费了数年时间。到了1817年，加尔各答植物园的主管职位被提供给了纳萨尼尔·瓦立池，除了其间因健康欠佳缺席多年外，他一直担任这一职位直至1846年。瓦立池生于哥本哈根，并在那里接受了外科医生的训练。后来他前往印度，作为医生为塞兰坡的丹麦工厂工作。在英国于1808年军事管控了该地区后，他加入了东印度公司。瓦立池延续之前的工作，聘用艺术家绘制印度植物画作，而且像罗克斯堡一样，指派人手鉴定植物画作并为之提供描述。在1820年，他赞助并协助出版了罗克斯堡的《印度植物志》。

加尔各答植物园是东印度公司最大的植物园，并担负着植物培植的主要任务。公司在印度半岛第二重要的植物园位于北方邦的萨哈兰普尔，它原本是莫卧儿帝国的一座植物园，其历史可追溯至18世纪中叶。到了1818年，它被东印度公司接管，并成为北印度及喜马拉雅山区植物的研究中心，尤其是那些具有药用价值的植物。1823年，约翰·福布斯·罗伊尔（1799-1858年）成为此园的负责人，并一直工作至1831年退休为止。他采用了加尔各答植物园聘请艺术家的做法，并在瓦立池离开前往英国期间借用了加尔各答植物园的艺术家团队。尽管公司大幅度限制了对植物插画提供资金，但这一工作还是在此园中持续至1850年代。

动物学方面的收藏家和艺术家

杜姆杜姆距离加尔各答约有12英里，它是东印度公司军队孟加拉炮队的大本营。托马斯·哈德威克正是在这里居住了多年。他在22岁时作为一名候补军官加入了公司，并在1819年晋升至少将。他参加了几次重要的军事战役，其中包括18世纪末的第二次与第三次迈索尔战争。当他于1823年退休时，45年的职业生涯有大半是在印度度过的。哈德威克是众多业余博物学家之一，他对动物学尤其感兴趣，并且对收集印度标本、画作、文学及信息的爱好可谓漫无止境。在没有现役任务的时候，他便将自己的时间花在研究及收集博物学标本上，因此到晚年时，他已囤积了印度博物学收藏中最大型的系列之一。

哈德威克指挥了数次探险，有些是前往喜马拉雅山区的克什米尔和西瓦利克山脉，还有的是在中央邦的贝图尔。他发现了包括树形杜鹃在内的一些新植物，撰述了自己的发现，并安排了这些地区的动植物绘制。他雇用了众多印度及欧洲艺术家为自己工作。他安排绘制的许多画作被送给或借给了他的朋友们，其中一些是他自己收藏的原作的复制。令人意外的是，他的藏品极少被出版，只有一些例外是他为约翰·格雷1830年发表的《印度动物图谱》选出的插图。哈德威克是孟加拉亚洲学会的活跃人物，并于1820年至1822年间担任其副主席。在返回英国后，他将自己的房子作为博物馆开放，以展示他的藏品。死后，他将收藏遗赠给了大英博物馆，也就是现在的伦敦自然博物馆。

鸟类学绘画往往是业余爱好者及专业人士最热爱的消遣之一，并且与此相关的又往往是那些运动健将及花费大量时间捕猎鸟类的人。在哈德威克的收藏中，鸟类画作占据着主导地位，布莱恩·霍顿·霍奇森的收藏也是如此。霍奇森热衷于研究并收集鸟类及鸟类画作，在他漫长的人生中，他出版了许多科学著作，对印度东北部鸟类学知识做出了巨大的贡献。

霍奇森在15岁时便加入了东印度公司的文职部门，并在公司于英国哈利伯瑞经营的学院度过了两年时光。接着他旅居印度，继续在加尔各答的威廉堡大学又学习了12个月。在此处，他是经济学家托马斯·马尔萨斯的学生，并因数个课题的成果而获奖。他还特别擅长印度各种语言。不良的健康状况使他从加尔各答迁至喜马拉雅山区，他在那里度过了之后40年中的大部分时光，并升任为尼泊尔加德满都的英国常驻公使。在1844年退休之后，他回英国短暂停留，而后居住于印度的大吉岭，最后于1858年永远地离开了印度。

在驻留于喜马拉雅山区时，霍奇森沉浸于当地文化之中，渐渐成为其语言、法律、宗教及政治的博学之士。他研究佛教经文与建筑，撰文论述不同的种族及文化群体。可以和他的文化研究相提并论的，是他对博物学，尤其是对鸟类学的爱好。在尼泊尔时，他作为一名田野博物学家，花费大量时间在加德满都河

树形杜鹃

（*Rhododendron arboretum*）

这种杜鹃花是尼泊尔的国花。
它最早是由托马斯·哈德威克
在1796年前往西瓦利克山脉的
一次探险中收集所得，并成为
第一种被引进英国花园的印度
杜鹃花。

哈德威克
水彩画
约1796年
480mm×296mm

可装裱的印度博物艺术

谷中观察鸟类，以及它们的行为和栖息地。除了进行学术研究外，他还收集了大量的博物学标本及手稿，后者的用语包括梵文及其他南亚语言。另外，他积存了无数画作，其中绝大多数都是他雇用的印度艺术家创作的。拉杰曼·辛格（活跃于1820—1860年）是霍奇森的首席艺术家，并随后者从加德满都迁至大吉岭。辛格是一位尼泊尔艺术家，接受的是传统风格的训练，绘制关于衣着、佛教手稿及祈祷书的宗教画作。他成为喜马拉雅山区最受欢迎的艺术家，并为许多驻留于尼泊尔及北印度的欧洲收藏家的收藏系列做出了贡献。

当霍奇森着手收集、描述并委托绘画时，关于喜马拉雅山区动物群的研究还处于萌芽阶段。他描

燕鸥属
（*Sterna sp.*）

易恩培女士是加尔各答最高法院首席法官的妻子，她雇用的许多艺术家都受过莫卧儿细密画传统技术的熏陶。到了18世纪中叶，因为赞助的急剧缩减，艺术家们从德里或巴特那迁往加尔各答，以寻找英国方面的工作。其中许多人改变了自己的创作技巧，使之更偏向于欧洲风格。

谢赫·泽扬尔丁/易恩培藏品
水彩画
1781年
516mm×748mm

述了鸟类的许多新物种，同时，尼泊尔、西藏和大吉岭的22种新哺乳动物的发现也要归功于他。霍奇森于1858年回到英国，不过他对印度文化及博物学的爱好一直持续到他1894年逝世。

关于印度博物学，还有一个不太为人所知的名字是威廉·亨利·赛克斯。他于1803年加入东印度公司的军事部门，在相当积极的工作之后，升迁至陆军中校。1824年，他就任孟买政府的统计报告官，执行在南印度德干高原的一次勘测。他受命完成一次人口普查，并进行统计学与博物学研究。赛克斯花了七年时间走遍这一地区，观察并收集标本与信息。在旅途中陪伴赛克斯的是一位来自孟买炮队的年轻士兵庞巴迪·卢埃林·费德勒，他是分配给赛克斯的制图员，并且作为一位"在色彩与线条写生方面天赋卓越"的年轻人受其指导，报告附图中许多美丽的画作都是费德勒绘制的。

赛克斯在1831年完成了他的报告，除了这一地区的动植物详细资料外，他还调查了当地农夫的农业措施。在文本间散落着少许插图，那是从他在旅途中绘制的一册画作上复制下来的。画本中的铅笔素描上覆盖着水彩，许多画作还使用了水粉颜料和阿拉伯树胶。赛克斯解释说："这些画作都已由我自己做过必要检查并纠正了笔触和色彩，因此错误已被尽可能仔细地避免了。"所有画作的主题"都在一定程度上经过实物测量"。画中的植物又美丽又精致，重要的部分画得很详细，通常还放大了倍数以便鉴定。动物画得很精美，并且囊括了所有的种类——哺乳动物、昆虫、鸟类、鱼和爬行动物。还有不少壮美的风景图，上面除了繁茂的植被外，还描绘了地质与地理特征。不过，这一系列中最迷人、最引人注目的那些画作是关于农业工具的，画中描绘了它们复杂的结构和用途，以繁复又精确的图表呈现，几近完美。

赛克斯的信息来源是："直接来自大众，以及对村庄或其他公开论文的个人考察或其他公开发表的论文"。他能够读写马拉地语，在他的文本和画作上都加上了描述对象的当地名称。他还聘请了几位印度人增补了梵文和印度斯坦语名称。

独立收藏家和个人艺术家

对印度博物艺术作品的收集和委托创作并不仅仅局限于那些受聘于东印度公司的人。在1750年，英国在安金戈已拥有一座颇具规模的贸易要塞，也就是如今人们所知的安楚森吉（Anchuthengi），它位于印度西海岸的喀拉拉邦。当时的英国控制着这个地区的大部分领土。它原本是葡萄牙的殖民地，许多受过教育的印度人仍然说着葡萄牙语，并且在学术与教育著作中使用这种语言。关于这方面有一个有趣的例子，是萨尔瓦多雷斯早期的一部作品。他为印度药用植物创作了一份华美的手稿，其书名为《乔木、灌木、植物之通告》①。这部药典发表于1750年，所描述的是安金戈原住民所使用的当地植物。除了每种植物的绘图外，书中还阐述了植物的哪些部分用于什么治疗目的，以及制备和应用的方法指南。萨尔瓦多雷斯驻留于安金戈的医院中，不过没有人知道这部作品是为哪一方创作的。

许多想建立个人收藏的欧洲人委托艺术家创作独立艺术品。尽管这一类的众多艺术品是出自私人收藏，不过它们最终还是储存在了公司博物馆或图书馆的档案馆内。易恩培女士（1749-1818年）是加尔各答最高法院首席法官的妻子，早在1770年代，她便已雇用印度艺术家描绘鸟类、动物和植物，这些画作的许多主题都来自她壮美的花园和兽笼。如今，你可以在英国各地的私人和公共档案馆中找到属于易恩培收藏系列的画作。

荷兰也是对印度和东南亚感兴趣的国家之一。荷兰东印度公司于1658年占领了锡兰（旧称，现今斯里兰卡），在当地一直维持统治，直至1798年英国接管了这个国家。在所有的驻锡兰荷兰总督中，1752年至1757年当任的约翰·吉迪恩·洛顿是对博物学最有兴趣的。在洛顿驻守锡兰期间，他所收藏的大部分画作都出自艺术家皮特·德·毕维尔（1722-？年）之手。德·毕维尔于1743年开始作为一名助理检验员服务于荷兰东印度公司，他从死去的动物和鸟类着手，将它们当作画作的模特。他还因参与创作乔治·爱德华广受欢迎的著作《鸟类志》

---

① 译者注：该书名中有西班牙语、葡萄牙语和英语。

（1743—1751年）而知名。比起哈德威克或霍奇森的收藏，洛顿的收藏系列较为朴实无华，其艺术品也并不总是那么精致成熟。然而，他的地位在于其引领的亚洲影响上，而且悉尼·帕金森在离开英国之前，发现了这些艺术品拥有可复制的价值。后者是詹姆斯·库克《奋进号航行》（1768—1771年）一书中提及的博物艺术家。

还有一些收藏系列来自拥有艺术天赋的个人，他们出于自己的喜好与个人兴趣，描绘印度生活环境中的动植物。其中有玛丽·本廷克女士（？—1843年）、玛格丽特·科伯恩（1829—1928年）、弗雷德里克·迪马特斯上校（1811—1876年）和奥利维亚·汤奇（1858—1949年）。本廷克是1817年至1835年间在任的印度总督的妻子，她于1833年绘制了六十多幅关于喜马拉雅山区鸟类的画作。科伯恩生于印度，并终生居住在这个国家，她的诸多消遣之一就是描绘周围的野生植物、鸟类及昆虫。她还收集了许多标本，它们如今已成为自然博物馆馆藏的一部分。迪马斯在1826年至1850年间服役于皇家（马德拉斯）工兵部队，他创作了为数不多的关于鸟类、爬行动物和昆虫的画作，人们认为这是他送给妻子的礼物。汤奇创作了16本可爱的写生集，里面充满了美丽的水彩和幽默的评论。画中有植物、动物、场所与物件，这些作品要么是她在1908年至1913年印度旅居时的亲眼所见，要么是她在当地市场收买的。它们反映了她自己的经历与观察结果，并在评注中展现了有趣的事实和个人记忆。

在照相机还未发明出来的年代，绘画是记录个人观察结果的重要方法之一，并能为科学研究留下自然世界的视觉记录。自然博物馆中的印度画作收藏提供了印度博物学美妙的多样性——不同地区壮美的植物群，整个国家中丰富多样的动物、鸟类和昆虫。研究这些收藏，能让我们更加理解自然科学，并更加完整丰满地领会二百五十多年前印度与英国间、科学与艺术间、文化与经济交流的多种层次间的关系。

民族志与地志的艺术

水稻耕种

这些美妙的写生图是1820年代印度南部德干地区农业举措的重要记录。上图，犁耕水稻田的人披着一种叫厄尔路（eerluh）的遮蔽物，以抵挡季风雨。它是用竹框做成的，外面盖着树叶。下图，画的是条播犁。

费德勒/赛克斯藏品
水彩画
1825−1830年
320mm×200mm

可装裱的印度博物艺术

扬谷

这些画描绘了摘择稻谷的两个步骤。上图，展示了牛踩谷的景象，接下来的步骤就是在当地被称为"斡盘"（oopun）的扬谷。下图，第二步在库勒（kulleh）或农场中进行。

费德勒/赛克斯藏品

水彩画

1825-1830年

320mm×205mm

英国大使馆（上图）

加德满都的这处官邸占地约五十英亩，包括一个教堂、一个动物园和一个鸟舍。霍奇森正是在这里度过了将近二十五年。他先是担任助理，接着任代理公使，最后升任尼泊尔首都的常驻公使。这张铅笔墨水素描是由霍奇森的兄弟威廉所作。

W. E. 霍奇森 / 霍奇森藏品
墨水画
约1833年
240mm×345mm

园中井或田边井（左页图）

赛克斯注明，这是他所造访的地区中最常见的灌溉方式。在井边，两头小公牛被拴在一个吊桶上，"走下斜坡，倒出水来，再轻松地走回斜坡顶上"。他进行了一次实验，计算了这个装置一整天的出水量，最后断定它远超过欧洲人的汲水量。

费德勒 / 赛克斯藏品
水彩画
1825-1830年
320mm×205mm

民族志与地志的艺术

大吉岭的布莱恩斯通大屋
霍奇森将位于大吉岭的四居室住宅以自己的名字命名。从1845年
至1858年，他在这里住了13年。他从尼泊尔聘请的雇员和一些
艺术家也都搬到了这里和他同住。

戈登女士/霍奇森藏品
水彩画
约1850年
250mm×345mm

可装裱的印度博物艺术

Ancient Powder Horns,
Carved out of solid Wood,
lacquered and painted, and
mounted with Ivory.

古代火药筒

在1908-1913年旅居印度期间，奥利维亚·汤奇创作了一系列优
美的水彩画作。她勾勒这个国家的植物和动物，描绘她去过的地
方，以及她在当地市场上买到或看到的东西。

汤奇
水彩画
约1910-1912年
180mm×258mm

民族志与地志的艺术

植物学的艺术

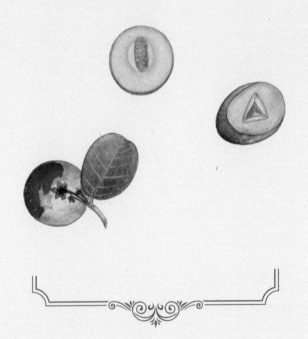

菅草属（上图）

（*Themeda sp.*）

菅草属是最易成活的植物之一，遍布于全世界的户外生境。在印度约有九百种菅草，不巧的是，图中这一种类尚未得到鉴定。

克尔藏品

水彩画

约1770年代

690mm×528mm

刺黄果（右页图）

（*Carissa carandas*）

这幅画作由克尔委托画家创作，是早期科学风格的植物学佳作典范，同时也属于印度植物插画中最早的一批。刺黄果因其果实而被视为经济作物。

克尔藏品

水彩画

约1770年代

528mm×360mm

可装裱的印度博物艺术

کروندا Kurrounda.- Currinda Beng:

齿叶睡莲（左页图）

（*Nymphaea lotus*）

约瑟夫·雷谢尔是一位公务制图员，他于1783年至1791年间驻守于马德拉斯。在发展对博物学的个人兴趣时，他创作了一些极其精美的植物学画作——这张齿叶睡莲就是一个卓越的例子。

雷谢尔
水彩画
1788年
526mm×358mm

黄兰（上图）

（*Magnolia champaca*）

这种外观奇特的玉兰是一种大型常绿乔木，黄色的花朵气味芬芳。它被人工栽培是因其木材以及产生的精油，后者可以用来做香水。

雷谢尔
水彩画
1789年
508mm×352mm

植物学的艺术

齿叶睡莲（上图）

（ *Nymphaea lotus* ）

这种睡莲是从古埃及被引进印度的，它会在夜晚开出美丽馥郁的白色花朵。这些花通常被用作宗教供品。

雷谢尔
水彩画
1789年
525mm×353mm

斑龙芋（右页图）

（ *Typhonium venosum* ）

像天南星科的许多成员一样，这种植物会产生一种浓烈的恶臭，以吸引传粉昆虫，而后者往往是腐食蝇类。

哈德威克藏品
水彩画
1796年
502mm×338mm

可装裱的印度博物艺术

N.º 24

Buzzer-kund } Names known by
Dhey { in the Dooab and
Bund-Kanda } in Rohilcund.

Arum.

Gynandria Polyandria

Neem kerowly near Futtehghur March 5796.

绒毛圭多亚

（*Guidonia tomentosa*）

这种植物原产于印度，和众多为瓦立池描绘的植物一样，它是在
《印度植物志》（1820年）中首次被描述的。

瓦立池藏品
水彩和墨水
1817—1832年
344mm×482mm

译者注：该植物疑无中文译名，或可称为绒毛圭多亚。

可装裱的印度博物艺术

蓖麻

（*Ricinus communis*）

在赛克斯关于德干高原人口及博物学的报告中，大部分篇幅都献给了经济及医药作物，它们既有人工栽培的，也有野生的。如今的印度是全球最大的蓖麻油生产国，这种油正是从本图植物的种子里榨取的。

费德勒/赛克斯藏品
水彩画
1826年
230mm×310mm

药西瓜（左页图）

（*Citrullus colocynthis*）

赛克斯描述其为一种野生药用
植物。这种药西瓜被当作蔬菜
食用，并被用作缓泻药，以治
疗水肿及闭经。

费德勒/赛克斯藏品
水彩画
1828年
261mm×370mm

藏冷杉（右图）

（*Abies spectabilis*）

萨哈兰普尔植物园位于北部平
原和喜马拉雅山之间，非常适
合培植世界上更温暖区域的植
物。这个植物园在穆索里有一
个山中避暑分院，专门研究来
自欧洲及亚洲更寒冷地带的松
树。图中这种特别的种类来自
尼泊尔。

萨哈兰普尔植物园藏品
水彩画
1847年
459mm×358mm

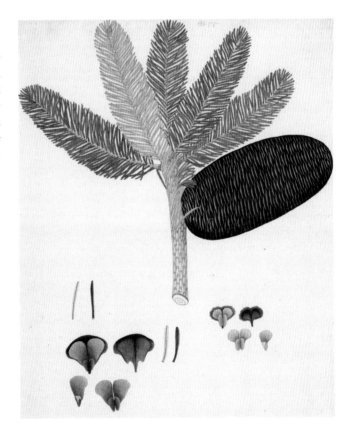

植物学的艺术

黄果茄（上图）

（ Solanum virginianum ）

黄果茄的大多数部分都可以入药，它被用于治
疗感冒、咳嗽、哮喘和风湿病。

萨哈兰普尔植物园藏品
水彩画
1848年
455mm×390mm

石斛属（右页图）

（ Dendrobium sp. ）

为了专门研究北印度的植物，萨哈兰普尔植物
园每年都多次派出采集者前往喜马拉雅山脉的
不同地区，沿西藏边界一路采集植物，行程远
至克什米尔。他们将所收集的许多植物和种子
送往欧洲，某些植物在那里大受追捧，比如兰
花。

萨哈兰普尔植物园藏品
水彩画
1848年
480mm×370mm

可装裱的印度博物艺术

A group from Burlyaar.

赤色西番莲（左页图）

（*Passiflora kermesina*）

当时专门研究喜马拉雅山植物的萨哈兰普尔植物园引进了这种西番莲，它原产自巴西。

萨哈兰普尔植物园藏品

水彩画

约1850年

463mm×304mm

———————————

译者注：这种西番莲疑无正式中文译名，或可称为赤色西番莲。

可可（*Theobroma cacao*）

肉豆蔻（*Myristica fragrans*）

丁香（*Syzygium aromaticum*）（上图）

肉豆蔻和丁香都是原产自摩鹿加群岛（或称香料群岛）。和可可一样，它们从16世纪起便在欧洲广受欢迎，并被用于食物调味及医药。

科伯恩

水彩画

1858年

260mm×205mm

植物学的艺术

裂叶马蓝（上图）

（*Strobilanthes kunthiana*）

这种马蓝拥有华美的蓝色花朵，印度南部泰米尔纳德邦的尼尔吉里丘陵（蓝色山丘）正是因此而得名的。在科伯恩生活于此并描绘这种植物的时代，它们曾经漫山遍野，它们每12年才开一次花。

科伯恩
水彩画
1862年
260mm×205mm

洋金花（右页图）

（*Datura metel*）

这种植物在英文中又被称为"天使号角"或"魔鬼号角"，由此可以看出它的美丽与潜藏的危险。植株的所有部分都有剧毒，服用可致命。

印度杂项藏品
水彩画
约1820年
448mm×363mm

可装裱的印度博物艺术

Pentandria Monogynia.
Datura Metel, of Linnaus   *Callah Duttoora*

木芙蓉（上图）

（*Hibiscus mutabilis*）

这种芙蓉的花朵灿烂华美，它们在一天中会多次变幻色彩，早晨是白色，接着变成粉红色，到了夜里变成红色。

印度杂项藏品
水彩画
约1820年
497mm×347mm

密花姜花（右页图）

（*Hedychium densiflorum*）

罗伊尔在退休后出版了《喜马拉雅山区植物图谱》（1833–1840年）。姜花属并没有出现在本书版画中，不过罗伊尔在书中提及，该属的多个种类在尼泊尔和锡尔赫特山都很常见，甚至出现在高达7000米海拔处。

罗伊尔藏品
水彩和铅笔
约1830年
506mm×329mm

可装裱的印度博物艺术

椭穗姜花

（*Hedychium ellipticum*）

约翰·福布斯·罗伊尔主管的萨哈兰普尔植物园中生长着许多来自喜马拉雅山区的植物。姜花属便来自这个地区，它们可能是罗伊尔在某次植物学探险中收集的。

罗伊尔藏品
水彩画
约1830年
498mm×400mm

可装裱的印度博物艺术

木蝴蝶

（*Oroxylum indicum*）

这种树木是夜间开花的，并由蝙蝠传粉。它的大豆荚可以食用，而种子和树
皮都可以用于传统医药。

怀特藏品
水彩画
约1825—1830年
440mm×285mm

波罗蜜（上图）

（*Artocarpus heterophyllus*）

波罗蜜原产于印度，它巨大沉重的果实和桑椹
有亲缘关系。这种植物广泛分布在东南亚各
地，在各个地区有不同的烹饪做法。

怀特藏品
水彩画
约1825−1830年
285mm×440mm

红瓜属（*Coccinia sp.*）和厚藤（*Ipomoea pes-caprae*）
（右页图）

这张画作是由一位说葡萄牙语的印度人萨尔瓦多
雷斯描绘的，他是安金戈医院中的助手。本图是
早期的药典画作，描绘了两种药用植物，并描述
了它们的医疗效果。

萨尔瓦多雷斯藏品
水彩画
1750年
420mm×280mm

芒果（上图）

（*Mangifera indica*）

芒果是印度的国果，既有野生的，也有人工栽
培的。它的叶子被用于宗教及装饰用途，而果
实不仅味道上佳，还被视为有一定医疗效用。

弗莱明藏品
水彩画
约1805年
484mm×293mm

七爪龙（右页图）

（*Ipomoea mauritiana*）

这种藤本植物是一种牵牛花，它已归化于全球
各地的亚热带地区，因其红紫色的大花朵而广
受栽培。

印度绘画藏品
水彩画
约1830年
461mm×295mm

可装裱的印度博物艺术

Convolvulus paniculatus L.

seed vessel
D. Costatus

羯布罗香（左页图）

（ *Dipterocarpus turbinatus* ）

这种植物的商业价值在于其木材，它被用于制作胶合板。在国际自然保护联盟的濒危植物红色名单上，它属于极度濒危级别。

印度绘画藏品
水彩画
约1830年
440mm×285mm

海桑（上图）

（ *Sonneratia caseolaris* ）

这种树生长于印度半岛海岸边的红树林中。其木材被用于建造小船，而果实和叶片除食用外，还被用于传统医药中。

印度绘画藏品
水彩画
约1830年
454mm×277mm

植物学的艺术

Bombax Burmense. Buchanan

可装裱的印度博物艺术

木棉（左页图）

（*Bombax ceiba*）

它的果实和鲜红色的花朵能吸引各种各样的昆虫和鸟类前来食用，这些生物都能为它传粉。

印度绘画藏品
水彩画
约1830年
399mm×278mm

木棉（上图）

（*Bombax ceiba*）

这种大树在春季会开出惊艳的红色花朵。它分布于整个印度，植株的每个部分都可以广泛运用于传统医药。它还可以被用作饲料、燃料，并用来生产纤维，这些商业价值使它广受栽培。

弗莱明藏品
水彩画
约1805年
364mm×278mm

植物学的艺术

腰果（左页图）

（*Anacardium occidentale*）

腰果由葡萄牙人在16世纪从南美引进印度，从那以后，印度便成为世界第二大腰果生产国。

弗莱明藏品
水彩画
约1805年
400mm×330mm

淡叶决明（上图）

（*Senna pallida*）

决明是一种原产自新大陆的热带植物。人们将它栽培为装饰植物，不过它也有一定的药效——它的叶子和豆荚主要被用为缓泻药。

弗莱明藏品
水彩画
约1805年
325mm×351mm

———————————————

译者注：这种决明疑无正式中文译名，或可称为淡叶决明。

贝叶棕（上图）

（*Corypha umbraculifera*）

这种棕榈原产自南印度和斯里兰卡。在喀拉拉邦，它美丽的叶子被用来盖屋顶及制伞。

弗莱明藏品
水彩画
约1805年
470mm×272mm

桄榔（右页图）

（*Arenga pinnata*）

在东南亚，这种棕榈树的树汁被人们采集用于商业用途。这种树汁能生产出一种在印度被称为"粗糖"的糖分，后者被用于醋和酒的发酵。

弗莱明藏品
水彩画
约1805年
466mm×275mm

可装裱的印度博物艺术

可装裱的印度博物艺术

束骨姜黄（左页图）

（*Curcuma xanthorrhiza*）

束骨姜黄是姜家族的一员，拥有
众多医疗功效，它主要用于抗炎
和抗菌。

弗莱明藏品
水彩画
约1805年
495mm×320mm

羊蹄甲（右图）

（*Bauhinia purpurea*）

这种小乔木原产于东南亚各地，
有引人注目的双瓣叶和极其迷人
的粉色花朵，其花朵香气袭人，
它的种子藏在青紫色的长豆荚里。

弗莱明藏品
水彩画
约1805年
467mm×327mm

植物学的艺术

珠芽磨芋（右页图）
（*Amorphophallus bulbifer*）
这一物种原产自印度东北部。
它的花通常有40厘米长，叶片
可以高达1米，每年可以长出
一片新叶，但要过许多年才会
开出一朵花。

弗莱明藏品
水彩画
约1805年
459mm×284mm

凹萼木鳖（左图）
（*Momordica subangulata*）
这种攀缘植物遍布于东南亚大
部分地区，既有野生种，也有
栽培种。它的果实和嫩枝可以
作为蔬菜食用。

弗莱明藏品
水彩画
约1805年
470mm×293mm

可装裱的印度博物艺术

Arum Bulbiferum
Berg.

nawn or the
ous mawn

山竹

（*Garcinia mangostana*）

这种植物柔软清香的果肉是可以食用的，不过它们被包在坚硬的
紫色外壳中。它原产自东南亚，如今已在整个热带地区广泛种植。

弗莱明藏品
水彩画
约1805年
330mm×477mm

可装裱的印度博物艺术

46

可可

（*Theobroma cacao*）

可可是世界上最早被人工培植的植物之一。它原产自南美洲，如今已广泛种植于全球的热带地区。可可直至20世纪中叶才作为经济作物在印度栽培，但印度现在已位列于全球可可生产国的前20名内。

弗莱明藏品
水彩画
约1805年
357mm×467mm

乔松（上图）

（ *Pinus wallichiana* ）

这张画作是描摹自一株样本，它生长于穆索里植物园的山中避暑分院，该地点位于喜马拉雅山区约213米高处。

萨哈兰普尔植物园藏品
水彩画
约1847年
489mm×383mm

土丁桂（ *evolvulus alsinoides* ）

积雪草（ *Centella asiatica* ）（右页图）

土丁桂和积雪草都被用于传统医药。据信土丁桂能改善脑部功能，如记忆力和注意力。

萨尔瓦多雷斯藏品
水彩画
1750年
420mm×280mm

可装裱的印度博物艺术

动物学的艺术

蓝孔雀

（*Pavo cristatus*）

现代鸟类中羽毛最灿烂的当属达尔文笔下的孔雀。蓝孔雀对于印
度的文化及宗教意义可谓历史悠久，它在1963年被奉为印度国鸟。

毕维尔/洛顿藏品
水彩画
1752-1757年
385mm×498mm

蓝脸鲣鸟

（*Sula dactylatra*），幼年

在1755年的一场风暴后，人们在科伦坡发现了这种鸟。这张画作的背后写着："1755年风暴天气后坠落于科伦坡，图中鲣鸟小于其实际尺寸。"蓝脸鲣鸟繁衍于几个印度洋岛屿上，不过偶尔会出现在印度南部及斯里兰卡海域。

毕维尔/洛顿藏品

水彩画

1755年

390mm×494mm

流苏鹬

（*Philomachus pugnax*）

这只流苏鹬显然是雌性，它的名字源于其雄性的婚羽，那些羽毛
就如同夸张的彩色褶皱领，这种鸟类是印度的冬季候鸟。

易恩培藏品
水彩画
1778年
510mm×713mm

可装裱的印度博物艺术

血雉

（*Ithaginus cruentus*）

血雉是一种不寻常的小型山雉，它的名字源于胸部血红色的羽毛，看上去仿佛血迹斑斑。这张画作是描摹自爱德华·加德纳收藏的一只标本，加德纳是首任英国驻加德满都公使。

哈德威克藏品

水彩画

1818年

360mm×419mm

红嘴蓝鹊

（ *Urocissa erythrorhyncha* ）

这种优雅的鸟类栖息于喜马拉雅山区及更东部的地方，远至中国和泰国。它也常常出现在中国艺术作品中。

海耶斯/哈德威克藏品

水彩画

1822年

369mm×513mm

可装裱的印度博物艺术

Columba chalcoptera. Lat.

铜翅鸠

（*Phaps chalcoptera*）

奇妙的是，这种异常美丽的鸽子是澳大利亚特有的种类。它翅膀
上的羽毛从金黄色、紫色到绿色，如虹彩般艳丽。再加上它温驯
的天性，这些可能都是吸引商家将它作为笼鸟出售的因素。

海耶斯/哈德威克藏品
水彩画
1822年
278mm×420mm

动物学的艺术

蓝喉拟啄木鸟（上图）

（*Megalaima asiatica*）

蓝喉拟啄木鸟栖息于喜马拉雅山区的丘陵地带，不过人们也在孟加拉国以及西至加尔各答的地区发现过它。在图中，它的姿态有些过于呆板，不过喙部的口须清晰可见，这种鸟类的俗名"barbet"正是源于这个特征。

本廷克
水彩画
1833年
140mm×225mm

紫水鸡（右页图）

（*Porphyrio porphyrio policocephalus*）

尽管图中个体腿和脚的尺寸有些许夸大，不过这种鸟的确是印度最大的秧鸡，约有50厘米长。人们是在印度的湿地中发现它的。

霍奇森藏品
水彩画
约1840年代
475mm×285mm

可装裱的印度博物艺术

58

PALÆORNIS BENGALENSIS

Male

梅头鹦鹉

（*Psittacula cyanocephala*）

梅头鹦鹉是印度次大陆特有的
生物。画中的个体是雄性，雌
性的头是灰色的。在印度，鹦
鹉与人类之间有着历史悠久的
联系，图中背景的村庄以及下
方的装饰图案也暗示了这种联
系。装饰图案上方的描述是由
梯克尔撰写的。

梯克尔
水彩画
1848年
224mm×180mm

可装裱的印度博物艺术

白头鹮鹳

(*Mycteria leucocephala*)

这种又大又漂亮的鹳鸟在印度
半岛和喜马拉雅山区繁殖，到
了冬天，它会出现在更广阔的
东南亚各地。尽管数量仍然不
少，但捕猎以及栖息地的干
涸与污染使其种群数目持续下
滑，它如今已被列为近危物种。

霍奇森藏品
水彩画
约1840年代
475mm×285mm

黑胸太阳鸟

（*Aethopyga saturata*）

此图展示物种的方式不太常见，太阳鸟被制成
标本，放置于一个浪漫的印度风景图的中心。

霍奇森藏品
水彩画
约1850年代
225mm×305mm

可装裱的印度博物艺术

The "Kalidge" Pheasant
male

黑鹇

（*Lophura leucomelanos*）

这种美丽的雉类的雄性可以长到75厘米长。它们
很容易被圈养，在19世纪中叶是欧洲广受欢迎的
笼养鸟类。

拉赫曼·辛格
水彩画
1856－1864年
255mm×358mm

The "Pokrass" Pheasant—(male)

勺鸡

（*Pucrasia macrolopha*）

勺鸡是一种胆怯的雉类，栖息于山地丛林中。它
的英文俗名"koklass"，或过去的版本"pokrass"，
都源自它宣告领地的响亮鸣声。

拉赫曼·辛格
水彩画
1856—1864年
255mm×358mm

可装裱的印度博物艺术

血雉

（*Ithaginus cruentus*）

艺术家设法在纸上捕捉到了血雉不同寻常的、
如松鸡般的小巧外形。这说明画家很熟悉这种
鸟活着的样子，这幅画很可能是依照一只活体
样本描摹的。

拉赫曼·辛格
水彩画
1856—1864年
255mm×358mm

动物学的艺术

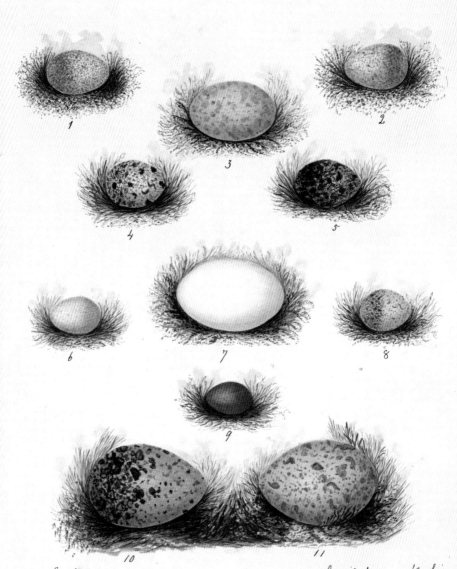

1 Crested Lark.

2 Sky Lark.

3 Night Jar.

4 Hill Bulbul.

5 Common Bulbul.

6 Orange Robin.

7 Crow Pheasant.

8 Neilgherry Robin.

9 Ashy Wren Warbler.

10 Red Faced Lapwing.

11 Large Black Crow.

可装裱的印度博物艺术

66

The Chambered, or Pearly Nautilus,
Nautilus Pompilius, unfortunately for the Poet's, only Pearly
when the outer Porcelain like Covering
has been broken off.

A Curlew
much esteemed for
Food in
India.

An
"Eyshter
- Bed",
otherwise Oyster Catcher.

印度南部尼尔吉里丘陵中鸟类的卵（左页图）
玛格丽特·科伯恩在她的画作和笔记中都记录
了尼尔格瑞，也就是如今尼尔吉里丘陵的鸟
类。著名的鸟类学者艾伦·屋大维·休姆经常
引用她的观察结果。尼尔吉里丘陵因其独特的
生物多样性，如今已被定为联合国教科文组织
生物圈保护区。

科伯恩
水彩画
1858年
260mm×205mm

鹦鹉螺（*Nautilus pompilius*），白腰杓鹬（*Numenius
arquata*），蛎鹬（*Haematopus ostralegus*）（上图）
两种鸟类都是印度沿海冬季的主要访客，它们
都会常出现在南部与西部海岸线上。鹦鹉螺产
自太平洋，不过死去的标本会出现在全球各地
的海岸上。

汤奇
水彩画
约1910-1912年
180mm×258mm

动物学的艺术

Moorrug Munnowur.

红胸角雉（上图）

（*Tragopan satyra*），未成熟的雄性

至少从17世纪初开始，红胸角雉就已常见于印度的鸟笼中。图中的这一只明显是年轻的雄性，尽管它有着特色明显的斑点，不过已发育出成鸟的深红色胸腹。

印度杂项藏品
水彩画
约1820年
536mm×449mm

白喉针尾雨燕（右页图）

（*Hirundapus caudacutus*）

对于这种鸟类的首次正确描述出现在1836年出版的杂志《孟加拉亚洲学会期刊》上，由霍奇森所写。针尾雨燕是大型的褐雨燕，它们的短尾上有不同寻常的针状突起。它们是喜马拉雅山的夏季访客。

霍奇森藏品
水彩画
约1840年代
474mm×290mm

可装裱的印度博物艺术

Cynselus Nudipes nobis
Hirundapus Nudipes nobis

玉带海雕

（*Haliaeetus leucoryphus*）

这种大型海雕有时也被称为环尾雕，它的翼展
约有两米长，主要食物为大型淡水鱼。它时常
袭击其他水禽，以盗取它们的猎物。

哈德威克藏品
水彩画
约1820年
470mm×577mm

可装裱的印度博物艺术

马来犀鸟

（*Buceros rhinoceros*）

这种令人惊艳的大犀鸟原产自婆罗洲、马来西
亚半岛、爪哇岛和苏门答腊岛。在17和18世纪，
经交易进入印度次大陆的犀鸟标本比比皆是。

哈德威克藏品
水彩画
约1818年
385mm×524mm

动物学的艺术

燕隼（左图）

（*Falco subbuteo*）

燕隼夏季在喜马拉雅山区繁殖，作为候鸟，它也会出现在印度各个地区。不过到了冬季，它基本上就在这个区域消失了。

霍奇森藏品
水彩画
约1840年
472mm×280mm

可装裱的印度博物艺术

可装裱的印度博物艺术

印度犀（左页图）

（ *Rhinoceros unicornis* ）

此图依照活着的犀牛描摹。这只活犀牛属于阿
什夫·伍德·道拉，他是阿瓦德国的印度行政
长官，在勒克瑙主持事务。

哈德威克藏品
水彩画
1789年
254mm×383mm
292mm×427mm

环尾狐猴（上图）

（ *Lemur catta* ）

这种是马达加斯加岛的特有物种。当时在坎普
尔某住民的动物园中有一只活狐猴，哈德威克
让艺术家依照它描绘了这一画作。

哈德威克藏品
水彩画
1802年
464mm×573mm

动物学的艺术

185. *Quadrupeds.* 20.
Clafs *Mammalia*. Order *Edentata*
Genus *Manis*.

Poona. 10ᵗʰ June 1827
Kawlee Manjur

जलु मंत्र

Manis pentadactyla. Linn
Pangolin
Manis Crassicaudata. Cuv.

Scale of Feet and Inches.

印度穿山甲

（*Manis crassicaudata*）

这种夜行食虫动物是唯一一种以大型厚甲作为防护层覆盖全身的
哺乳动物。这种穿山甲在印度各地都可以找到，因为当地有大量
的白蚁，它是穿山甲的主食。

费德勒/赛克斯藏品
水彩画
1827年
230mm×310mm

RAMBAN.
a Hunting Leopard.
from the Life.
Class *Mammalia*, Order *Carnivora*, Tribe *Digitigrada*,
Genus *Felis*.

Poona October 4. 1828.

Solich.

Felis jubata.

Scale of Inches.

猎豹

（*Acinonyx jubatus*）

猎豹现在已在印度灭绝，不过在创作此画的19世纪初，它在当地
还十分常见。导致它灭绝的主要原因是捕猎、栖息地开发，以及
猎物的减少。

费德勒/赛克斯藏品

水彩画

1828年

266mm×365mm

动物学的艺术

豹

（*Panthera pardus*）

从创作这张画作的时代开始，栖息地的丧失与过度捕猎致使豹的
数量急剧下滑，国际自然保护联盟已将它列为"近危物种"。不
过无论如何，事实证明在印度次大陆上，它的存活能力比其他大
型猫科动物要略微好一点。

霍奇森藏品
水彩画
约1840年代
290mm×475mm

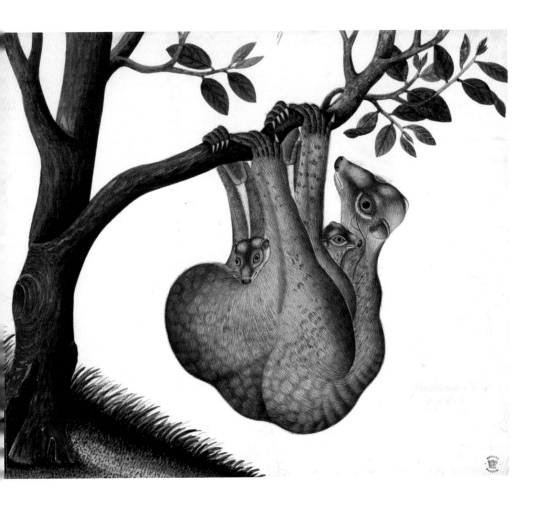

马来亚鼯猴

（*Galeopterus variegates*）

和哈德威克的许多画作对象一样，这一物种并不原生于印度，它
原产自东南亚其他地区。它既不是狐猴，也不会飞，但是可以凭
借四肢间的膜翼滑翔。

哈德威克藏品

水彩画

约1820年

379mm×437mm

动物学的艺术

亚洲象

（*Elephas maximus*）

有一些收藏画作有完整的背景描绘，并且加了像框，看上去更像
挂画而非科学插画，本图便是一例。亚洲象已是濒危动物，主因
是栖息地的丧失。

哈德威克藏品
水彩画
约1820年
346mm×504mm

可装裱的印度博物艺术

狐蝠属

（*Pteropus sp.*）

狐蝠是一类大型蝙蝠，分布于亚洲和澳大利亚的亚热带地区以及东非海岛上。它们也被称为果蝠，因为它们只食用水果、花粉和花蜜。

海耶斯/哈德威克藏品
水彩画
约1832年
394mm×467mm

动物学的艺术

狮尾猴

（*Macaca silenus*）

这种外貌独特的银鬃猕猴生活在印度西南部的雨林中。它们绝大
多数时候都在森林的树冠间活动，食用水果、树叶和昆虫。

哈德威克藏品
水彩画
约1820年
356mm×250mm

可装裱的印度博物艺术

2

1 Common Toad. & 2. Common Frog
of central region of Nepal.

青蛙和蟾蜍
霍奇森的兴趣主要在于鸟类，不过在他的画作里有一些爬行动物，还有更少的两栖动物。这里的两种生物是尼泊尔中部常见的普通青蛙和普通蟾蜍。

霍奇森藏品
水彩画
约1840年代
475mm×290mm

动物学的艺术

The size of Nature.

山蝰（左页图）

（ *Daboia russelii* ）

这种毒蛇的英文名Russell's viper是以帕特里克·罗素命名的，它出现在《印度大型蛇类综述》的第二卷中。罗素是第一位专门研究印度蛇类的欧洲人，尤其热衷于记录一切有毒蛇类。

英格雷温/罗素藏品
水彩和雕版
1801－1809年
445mm×300mm

印度避役（上图）

（ *Chamealeo zeylanicus* ）

鉴别这种生物所需的所有关键外部特征都呈现在这张画中了，包括二裂并相对持的足部、头部的骨状突起、善于缠绕的尾部，以及背部的暗色带状区域。

费德勒/赛克斯藏品
水彩画
1827年
265mm×365mm

动物学的艺术

网纹蟒（左页图）

（ *Broghammerus reticulatus* ）

网纹蟒是世界上最长的蛇，广泛分布于亚洲大部分地区。这一特别的物种原产自马来西亚的槟榔屿，后者也是东印度公司掌控下的一个贸易岛。这条蛇被运送给哈德威克时可能已经死亡。

哈德威克藏品
水彩画
1821年
397mm×243mm

金环蛇（上图）

（ *Bungarus fasciatus* ）

帕特里克·罗素收到一条生病的金环蛇样本，在一次实验中，他迫使这条蛇张开双颚，将一只活鸡的腿放置其中，使之被咬噬。这只鸡在26分钟后死去了。罗素相信如果这只蛇身体状况更好的话，毒素见效会更迅速得多。

印度杂项藏品
水彩画
约1820年
380mm×474mm

动物学的艺术

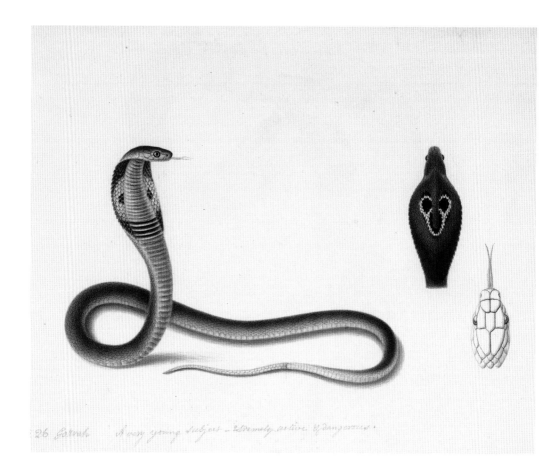

眼镜蛇（上图）

（*Naja naja*）

"一条非常年轻的个体——极其活跃且危险"。
这条蛇在画中呈现的是极具特色的扬立姿势，
这是它们在遭受威胁时的典型姿势。

哈德威克藏品
水彩画
约1817年
240mm×414mm

华丽雨林蛛（右页图）

（*Poecilotheria*）

这一属的蜘蛛是树栖生物，通常比其他捕鸟蛛
毒性更强。

哈德威克
水彩画
约1820年代
270mm×205mm

可装裱的印度博物艺术

从上到下，从左到右：

窄斑翠凤蝶（*Papilio arcturus arcturus*）

甘尼许亚种（*Papilio polyctor ganesa*）

枯叶蛱蝶（*Kallima inachus inachus*）

这些美丽的蝴蝶和蜂类原产自印度，它们也出现在包括喜马拉雅山区在内的多个地区。两张图中的所有物种都来自尼泊尔，不过我们并不知道艺术家J.海耶斯是在旅行至尼泊尔时画了此图，还是收到了该地其他收藏家寄给他的标本。

海耶斯/哈德威克藏品

水彩画

1821年

185mm×230mm

可装裱的印度博物艺术

从上到下，从左到右：
无垫蜂（*Amegilla*）
熊蜂（*Bombus*）
盾斑蜂（*Thyreus*）
地蜂（*Andrena*）
木蜂（*Xylocopa*）

海耶斯/哈德威克藏品
水彩画
1821年
248mm×198mm

动物学的艺术

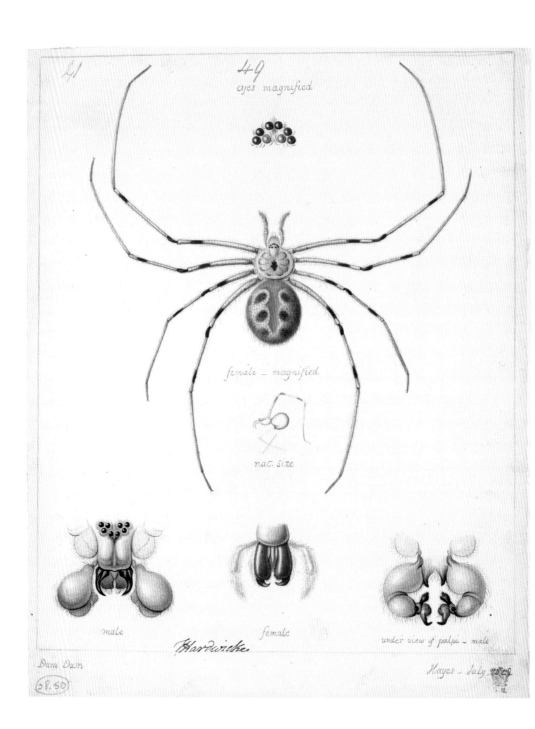

41

49
eyes magnified

female – magnified

nat. size

male

female

Hardwicke.

under view of palpi – male

Dum Dum

Hayes – July 1829

蜘蛛（左页图）

尽管细节描绘中呈现了这种蜘蛛的雄性及雌性器官、眼睛的排列方向，而且所有特征都是放大描绘的，但是我们仍然难以鉴别它的种类，它可能属于类球蛛科。

海耶斯/哈德威克藏品
水彩画
1822年
270mm×212mm

齿纹大蚕蛾（上图）

（ *Attacus taprobanis* ）

这只华丽的大型飞蛾是在孟买所画，其描摹的标本"捕自空昆（konkun）南部的达波立（Dappoolee）"。它是所有蛾类中翼展最长的一种，仅发现于西高止山脉和斯里兰卡。它和皇蛾（ *Attacus atlas* ）有很近的亲缘关系，后者分布于东南亚大部分地区。

费德勒/赛克斯藏品
水彩画
1826年
230mm×310mm

译者注：这种蛾疑无正式中文译名，或可称为大蚕蛾。

动物学的艺术

Lysimachia Leschenaultii

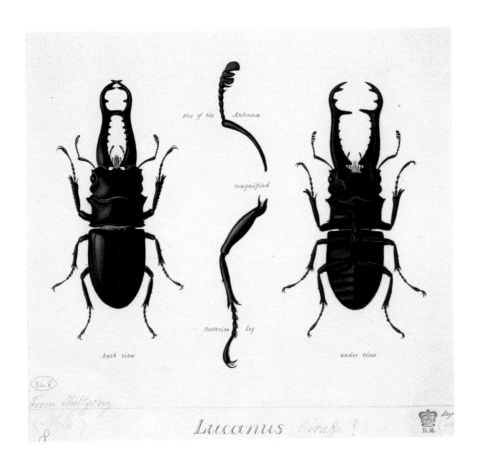

印度裳凤蝶（*Troides minos*）和羽叶珍珠菜（*Lysimachia leschenaultii*）（左页图）

玛格丽特·科伯恩对博物学的兴趣包括收集标本，她将她的蝴蝶标本收藏送给了伦敦自然博物馆。虽然这种蝴蝶成虫可能是在所绘的羽叶珍珠菜花朵上取食的，不过它的幼虫是以耳叶马兜铃（*Aristolochia tagala*）叶片为食。

科伯恩
水彩画
约1858年
260mm×205mm

———————
译者注：这种珍珠菜疑无正式中文译名，或可称为羽叶珍珠菜。

长颈鹿锯锹形虫（上图）

［*Prosopocoilus*（*Cladognathus*）*giraffa*］

这种虫的名字源于它鹿角般的大颚，这张精美的画作展现了它的背面和腹面，并放大描绘了它的腿和触须。这一标本是在吉大港采集的，这个城市现在属于孟加拉国。

海耶斯/哈德威克藏品
水彩画
约1820年
185mm×200mm

动物学的艺术

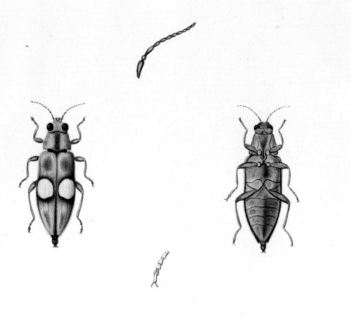

眼斑金吉丁（上图）

（*Chrysochroa ocellata*）

这些彩色的吉丁虫是在孟加拉西部的杜姆杜姆收集的，那是孟加拉炮队的大本营，艺术家海耶斯在那里创作了许多画作。

海耶斯／哈德威克藏品
水彩画
约1820年
255mm×167mm

叶脩（右页图）

［*Phyllium（Pulchriphyllium）bioculatum*］

雄性叶脩有着特有的长后翅，因此可以飞翔。这里所绘的是不能飞的雌性。

海耶斯／哈德威克藏品
水彩画
约1820年
278mm×196mm

可装裱的印度博物艺术

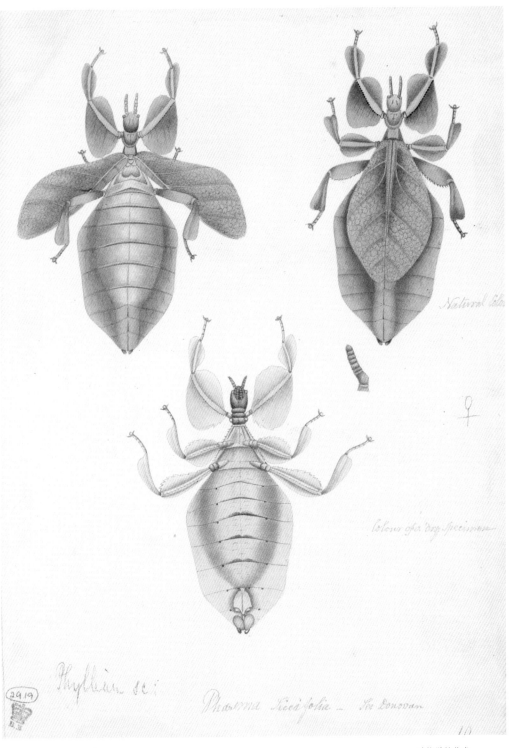

Natural Size

Colour of a dry Specimen

Phyllium sc

Phalæna Siccifolia — See Donovan

29.19

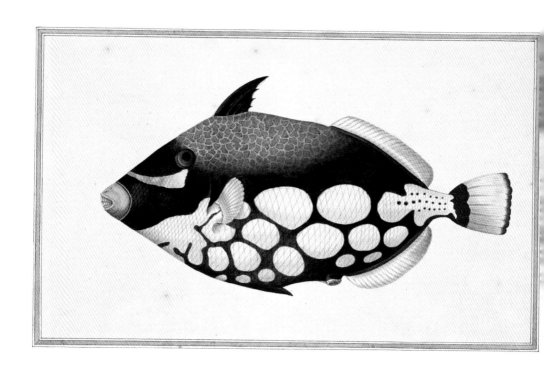

圆斑拟鳞鲀

（*Balistoides conspicillum*）

这只鱼被描述为"1米3英寸长且极其美味"。它在僧伽罗语中的名
字是Pottoebora。

毕维尔/洛顿藏品
水彩画
1752-1757年
249mm×384mm

可装裱的印度博物艺术

玫瑰竖琴螺

(*Harpa cabritii*)

这种螺发现于印度洋中。它是以来自波尔多的卡布里先生命名
的。他是18世纪一位博物标本收藏家及商人。

海耶斯/哈德威克藏品
水彩画
1823年
253mm×216mm

卡特拉鲃

（*Cyprinus abramioides*）

在关于德干地区鱼类的报告中，赛克斯描述了46个品种，其中42种是学界的新种。赛克斯在1838年的《伦敦动物学会学报》中发表了论文，在文中将这种鱼命名为Cyprinus abramioides。

费德勒/赛克斯藏品

水彩画

1827年

266mm×365mm

可装裱的印度博物艺术

The Karachi Gar Fish, or Sea Pike, sometimes called the Green Bone, because the Spine, when boiled, turns a brilliant green.

鱵科（*Family Hemirhamphidae*）
三刺鲀属（*Triacanthus* sp.）
颌针鱼科（*Family Belonidae*）
奥利维亚·汤奇在她的大多数画作上都附有描述。在此，她提及了颌针鱼的绿色骨骼——这一属的标志特征。没有因该特征而退却的食客对它们的美味大加赞赏。

汤奇
水彩画
约1910−1912年
180mm×258mm

索 引

斜体页码说明该词在插图附文中

可装裱的印度博物艺术

图书在版编目（CIP）数据

可装裱的印度博物艺术 /（英）朱迪斯·玛吉编著；
许辉辉译. — 北京：商务印书馆，2016
ISBN 978 - 7 - 100 - 12722 - 6

Ⅰ.①可… Ⅱ.①朱…②许… Ⅲ.①动物—印度—
图集②植物—印度—图集 Ⅳ.①Q95-64②Q94-64

中国版本图书馆 CIP 数据核字（2016）第269751号

可 装 裱 的 印 度 博 物 艺 术

〔英〕朱迪斯·玛吉 编著

许辉辉 译

商 务 印 书 馆 出 版
（北京王府井大街36号 邮政编码 100710）
商 务 印 书 馆 发 行
山 东 临 沂 新 华 印 刷 物 流
集 团 有 限 责 任 公 司 印 刷
ISBN 978 - 7 - 100 - 12722 - 6

2017年1月第1版　　　　开本 787×1092　1/16
2017年1月第1次印刷　　　印张 8

定价：98.00元